地理

刘晓杰 ◎ 主编

吉林科学技术出版社

图书在版编目（CIP）数据

南极北极. 地理 / 刘晓杰主编. -- 长春：吉林科
学技术出版社，2021.8
ISBN 978-7-5578-6739-3

Ⅰ. ①南… Ⅱ. ①刘… Ⅲ. ①南极—儿童读物②北极
—儿童读物 Ⅳ. ①P941.6-49

中国版本图书馆CIP数据核字(2019)第295078号

南极北极·地理

NANJI BEIJI · DILI

主　　编	刘晓杰
出 版 人	宛　霞
责任编辑	周振新
助理编辑	郭劲松
封面设计	长春市一行平面设计公司
制　　版	长春市阴阳鱼文化传媒有限责任公司
插画设计	杨　烁
幅面尺寸	226mm×240mm
开　　本	12
字　　数	50 千字
印　　张	2
印　　数	6 000 册
版　　次	2021年8月第1版
印　　次	2021年8月第1次印刷

出　　版	吉林科学技术出版社
发　　行	吉林科学技术出版社
地　　址	长春市福祉大路5788号出版大厦A座
邮　　编	130118
发行部电话/传真	0431-81629529　81629530　81629531
	81629532　81629533　81629534
储运部电话	0431-86059116
编辑部电话	0431-81629517
印　　刷	长春百花彩印有限公司

书　　号	ISBN 978-7-5578-6739-3
定　　价	19.90元

有的地方接受太阳热量很少，气候寒冷，终年冰雪覆盖，这就是南极和北极。

我们生活的地球是一个巨大的球体。地球始终绕着太阳这个中心不停地转动。

地球上每个地区能接受到的太阳的热量有差异，但造成不同地区气候差异的原因还有很多。

人们常说的"北极"其实是指北极圈以北的地区，它的大部分区域是北冰洋，还包含了欧洲北部、亚洲北部、加拿大北部以及一些零星的岛屿。

北极圈是划分北半球寒带与温带的交界线，其纬度数值为北纬66°34'。

在地球上存在一个位置最北的"点"，这里就是北极点。由于北极是一望无尽的海洋，所以我们必须要借助精密仪器才能准确地找到北极点的位置。

5

而我们常说的"南极"主要是指南极洲，南极洲是由南极大陆、冰山及岛屿组成。这里是地球上最寒冷的地区，生活资源匮乏，并且交通不便利，所以没有在这里长期生活的居民。

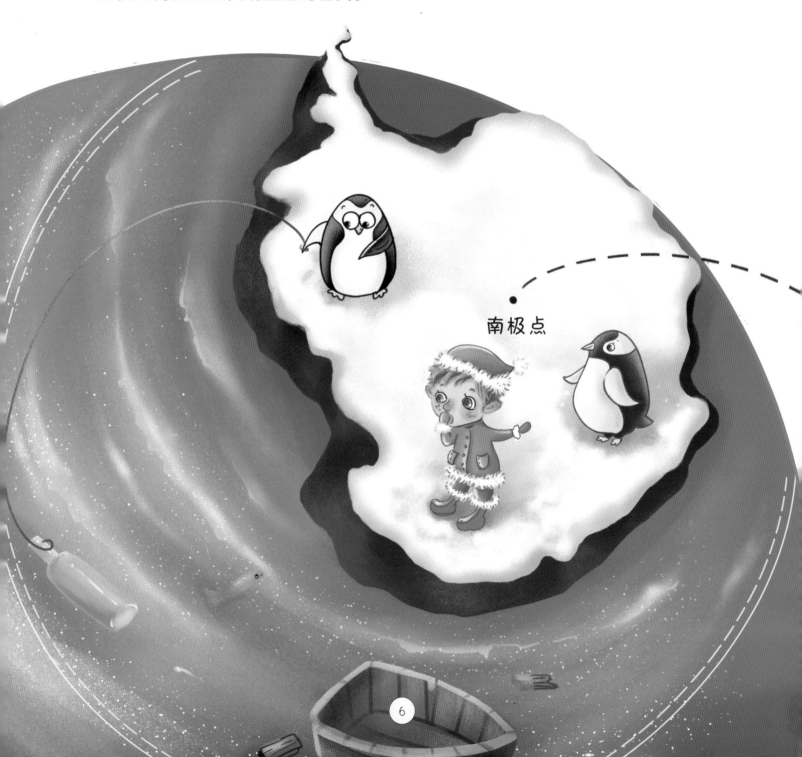

南极点

阿蒙森—斯科特站

　　阿蒙森—斯科特站是美国于 1957 年在南极点设立的科学考察站。其名称是为纪念第一个抵达南极点的罗尔德·阿蒙森和第二个抵达南极点的罗伯特·斯科特。

南极点

　　地球上位置最南端的"点"，我们称之为南极点。南极点位于南极大陆中部，以美国阿蒙森—斯科特考察站为标志。

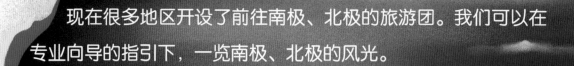

现在很多地区开设了前往南极、北极的旅游团。我们可以在专业向导的指引下，一览南极、北极的风光。

如果想要去南极旅行，要从阿根廷南部一个叫"乌斯怀亚"的小城镇出发。

航行总路程 800 千米

想要到达南极需要穿过德雷克海峡，因为德雷克海峡的风浪巨大，所以这段航线也是世界上最危险的航线之一。

穿越了德雷克海峡就可以隐约看到南极大陆了。

如果想要去北极旅行，可以从欧洲或加拿大北部登船。

绝大部分游客会选择斯瓦尔巴群岛作为北极旅行的终点站，因为斯瓦尔巴群岛是最接近北极的可居住地区之一。

斯瓦尔巴群岛

斯瓦尔巴群岛位于挪威本土与北极点之间，是挪威国土的最北端，这里有将近5000只北极熊，但却只有2000多居民。

南极大陆是地球上最高的大陆。常年的积雪在这里形成了巨大的冰雪高原，厚厚的冰雪好像一个巨大帽子扣在了南极大陆上。这里的平均海拔有2350米之高，而我们生活的亚洲平均海拔只有950米。

世界屋脊

　　虽然南极是最高的大陆，但却不是世界上最高的地区。世界上最高的地区是我们国家有着"世界屋脊"之称的青藏高原，平均海拔在4000米以上。

到达南极大陆之后，我们会发现不是所有的地方都被冰雪覆盖，没有被冰雪覆盖的地方，被人们称为"南极绿洲"。

最出名的绿洲是班戈绿洲，是由美国飞行员班戈发现的。班戈绿洲是一个被高耸入云的冰墙所围绕的山谷，这里不但没有积雪，还分布着一些没有冻结的湖泊。

麦克默多干谷又称为"麦克默多绿洲"，是世界上环境最恶劣的沙漠之一。在这里能够看到世界十大自然奇观之一的"血瀑布"。

北冰洋又称北极海，由于这里常年被厚厚的冰雪覆盖，所以又被称为"白色海洋"。

北冰洋是世界大洋中最小的一个，面积仅为 1225.7 万平方千米。

北冰洋也是世界大洋中最寒冷的一个，最寒冷的月份平均气温达到 −20℃ ～ −40℃。

格陵兰岛是地球最大的岛屿，位于北美洲东北部，全岛的 4/5 都在北极圈内。

这里虽然终年严寒，却并非人迹罕至。有数万名常驻居民（大多是因纽特人），生活在格陵兰岛的西部和西南部。

当之无愧的最大岛

除了格陵兰岛，地球上还有很多巨大的岛屿，如排名第二的新几内亚岛、排名第三的加里曼丹岛和著名的马达加斯加岛，而格陵兰岛面积比这三个岛的总和还要大。

在北极，格陵兰岛上厚厚的冰雪层被称为"冰盖"。而在南极，我们一眼望去，看不见边界的冰雪大陆就是南极冰盖。南极冰盖是历经几百万年甚至是几千万年累积形成的。

冰盖的外形就好比一个涂满奶油的蛋糕，蛋糕上的奶油就是厚厚的冰雪层，蛋糕就是被冰雪覆盖的大陆。

"冰架"是指冰盖延伸入海洋的部分。冰架就如同一个连接冰雪大陆与海底的桥梁。世界上最大的冰架是南极的罗斯冰架，面积约为 52 万平方米，差不多有一个法国那么大。

当冰架解体，冰体从冰盖上分离，漂浮在海洋上就形成了冰山。我们所看到的冰山，其实只是其漂浮在海面上的一小部分，冰山的 90% 都沉积在海水表面下。这也就是我们常说的"冰山一角"。

冰川是指大量冰块堆积成的冰体。
冰川会以非常缓慢的速度移动，通常
我们无法用肉眼观察到。世界上移动
速度最快的冰川主要集中在格陵兰岛，
每年可以移动几千米。

冰山破碎

反射太阳辐射

在海面上漂浮着无数大
小不一的冰块，我们称之为
"海冰"。这些海冰有的是
冰山破碎之后形成的，有的
是由海水冻结形成的。这些
漂浮的冰块能够反射大量的
太阳辐射能，默默守护着北
极和南极的冰雪世界。

海水冻结

海水是不能直接饮用的水。我们的生活用水，如饮用水、洗澡水、建筑用水等等都是淡水。而地球上 2/3 的可用淡水都集中在南极和北极，其中南极储藏的淡水资源可供全世界人饮用 7500 年之久。

虽然南极和北极蕴藏着大量的淡水资源，但是我们却无法充分利用。一方面，过度开发会导致南极和北极的生态平衡破坏；另一方面，从南极和北极运送淡水的成本极高。关于南极和北极的淡水开发问题就留在未来去解决吧。

南极和北极蕴藏着大量的矿产和油气资源。其中北极占有了世界上 1/4 的石油和天然气资源。

石油

石油是一种黏稠的、深褐色液体，被称为"工业的血液"，可制成我们日常生活中交通工具的燃料。

铁矿

铁矿可以提炼出铁金属，铁是利用最广、用量最多的一种金属。我们日常生活用到的金属制品大部分都是用铁制成的。

有色金属

　　有色金属是科学和军事领域必不可少的基础材料。例如飞机、火箭、雷达、计算机所需的很多构件都是由有色金属制成的。

煤矿

　　煤矿中可以开采出煤炭，煤炭是主要能源之一，早期的蒸汽火车、蒸汽船等交通工具都是依靠煤炭作为燃料。虽然现今我们日常生活的燃料渐渐被石油替代，但煤炭依然有着非常重要的地位，例如煤炭发电、冶炼金属等。

除了丰富的矿产资源，南极大陆还珍藏着许多"天外来客"——陨石。南极大陆的陨石储存量非常大，仅我国收藏的南极陨石就达到了1万多块。

南极陨石与其他地方发现的陨石相比更加具有研究价值。首先，这里的陨石落在地球后的存留时间非常长；其次，陨石类型非常丰富，有月球陨石、火星陨石，以及其他不知来自什么星系的陨石。而且由于南极大陆没有环境污染，所以这里的陨石几乎是最原始的状态。

人类对于陨石的研究

陨石就好像飞机上的黑匣子，记录着来自外太空的许多讯息。对于科学家来说，陨石是研究天体形成和外太空生命的最佳对象。

我们生活的地球好像一个巨大的磁铁，这个大的磁铁的磁力最大的地方被称为"地磁极"。

由于磁极一直处于缓慢的漂移状态，所以我们无法确切地找到磁极的位置。通过科学家的勘测，南磁极每年以大约 10 千米的速度向西北方向移动。

假如南磁极和北磁极通过运动位置互换，就会出现"磁极倒转"的现象。据推测，地球的磁极倒转现象大约每 20 万年会发生一次。如果发生磁极倒转，可能会导致全球通信中断、大量物种灭绝等灾难性的后果。